Sitzungsberichte
der Heidelberger Akademie der Wissenschaften
Mathematisch-naturwissenschaftliche Klasse
Jahrgang 1928. 4. Abhandlung.

Zur Einordnung der Theorie der Mischgruppen in die Gruppentheorie

Von

Reinhold Baer
in Freiburg i. Br.

Eingesandt durch Herrn Alfred Loewy in Freiburg i. Br.
am 20. April 1928

Berlin und Leipzig 1928

Walter de Gruyter & Co.

vormals G. J. Göschen'sche Verlagshandlung / J. Guttentag, Verlagsbuchhandlung / Georg Reimer / Karl J. Trübner / Veit & Comp.

Zur Einordnung der Theorie der Mischgruppen in die Gruppentheorie.

Einleitung.

In seiner Abhandlung: „Über abstrakt definierte Transmutationssysteme oder Mischgruppen“[1]) hat Herr A. LOEWY den Begriff der Mischgruppe eingeführt; diese ist dadurch charakterisiert, daß nur ein Teil ihrer Elemente, der sog. Kern, Gruppeneigenschaft hat, während die übrigen Elemente nur mit denen des Kerns — und zwar rechtshändig — komponiert werden können.

Jede Zerlegung einer Gruppe nach einer Untergruppe liefert eine Mischgruppe; umgekehrt läßt sich zeigen, daß jede Mischgruppe — mit Ausnahme der singulären Mischgruppe, die aus zwei Elementen, deren Kern sogar nur aus der Identität besteht — sich in wenigstens einer Weise als System der Restklassen oder Nebengruppen einer Gruppe nach einer Untergruppe darstellen läßt.[2]) Diese Darstellung ist jedoch im allgemeinen nicht eindeutig. Es stellt sich die Frage, *welche Gruppen bei Zerlegung nach einer geeigneten Untergruppe die gleiche vorgegebene Mischgruppe darstellen*[3]).

Das fundamentale Hilfsmittel für diese Untersuchung wird uns der Begriff der *ähnlichen Abbildung* sein. Dies sind eineindeutige Abbildungen der Mischgruppe auf sich, bei denen Elementepaare, die sich nur um ein Kernelement unterscheiden, in Elementepaare übergehen, die sich um das gleiche Kernelement unterscheiden wie das Ausgangspaar. Eine ähnliche Abbildung bestimmt immer ein Mischgruppenelement, nämlich das, in das sie die Identität überführt. Zerlegen wir jetzt die Gruppe M aller ähnlichen Abbildungen der [nicht singulären] Mischgruppe $\mathfrak{M}$ auf sich nach der Untergruppe E der ähnlichen Abbildungen, die die Identität in sich überführen, so erhalten wir die Mischgruppe $\mathfrak{M}$. Mehr noch:

[1]) cf. A. LOEWY: Journal f. d. reine u. angewandte Mathematik Bd. 157 (1927) p. 239—254, im folgenden mit L. zitiert. H. BRANDT: Math. Annalen Bd. 96 (1927) p. 360—366. F. K. SCHMIDT: Sitz.-Ber. d. Heidelberger Akad. 1927. Math.-nat. Kl. (8) p. 91—103.

[2]) cf. L. p. 247 und p. 252 (Satz 3).

[3]) Die Frage nach den Untergruppen einer Gruppe läßt sich entsprechend als Frage nach den durch diese Gruppe darstellbaren Mischgruppen interpretieren.

jede Darstellung von $\mathfrak{M}$ ist homomorph[1]) einer Untergruppe M* von M; die Untergruppe, nach der zerlegt wird, wird hierbei dem Durchschnitt $M^* \frown E$ von M* und E zugeordnet.[2]) Ebenso finden alle — natürlich von der singulären Mischgruppe verschiedenen — Untermischgruppen von $\mathfrak{M}$ ihre sämtlichen gruppentheoretischen Darstellungen durch Untergruppen von M. Umgekehrt kann man auch zeigen, daß alle Untergruppen von M, die die Eigenschaft haben, Abbildungen zu enthalten, die zwar den Kern invariant lassen, ein beliebig vorgegebenes anderes Mischgruppenelement aber auf ein von ihm verschiedenes abbilden, die Mischgruppe $\mathfrak{M}$ bzw. gewisse ihrer Untermischgruppen darstellen.

Vergleichen wir jetzt die ähnlichen und die isomorphen Abbildungen von $\mathfrak{M}$ auf sich miteinander, so zeigt sich, daß alle und nur die Abbildungen aus E gleichzeitig ähnlich und isomorph sind; zerlegt man die Gruppe aller Isomorphismen nach E, so erhält man die Isomorphismengruppe des Kernes, während die Zerlegung der Gruppe aller ähnlichen Abbildungen die Mischgruppe selbst lieferte. Weitere Zerlegungen von E nach gewissen invarianten Untergruppen liefern den Kern und die Gruppe aller eineindeutigen Abbildungen der vom Kern verschiedenen Klassen der GALOISschen Zerlegung der Mischgruppe nach dem Kern.

Man kann aber auch die Isomorphismen der Mischgruppe erhalten, wenn man die Isomorphismen der sie darstellenden Gruppen betrachtet. Jeder Isomorphismus einer darstellenden Gruppe, bei der die Untergruppe, nach der zerlegt wird, in sich übergeht, induziert einen Isomorphismus von $\mathfrak{M}$; umgekehrt wird jeder Isomorphismus der Mischgruppe durch Isomorphismen der Gruppe aller ähnlichen Abbildungen, die E in sich überführen, geliefert.

Im § 1 geben wir eine etwas sich von der LOEWYschen unterscheidende Axiomatik des Begriffs der Mischgruppe; der wesentliche Unterschied ist der, daß bei uns die Existenz der konjugierten Mischgruppen nicht mit gefordert wird[3]), wir also nur die Mischgruppe, nicht das ganze Gruppoid im Sinne von Herrn BRANDT[4]) postulieren. Allerdings wird dann der Begriff der Untermischgruppe einer gewissen Verschärfung bedürftig.

Schließlich stellen wir im § 1 die benötigten Grundtatsachen noch einmal zusammen.

---

[1]) Wir benutzen die Begriffe „isomorph“ wie „einstufig isomorph“ und „homomorph“ wie „mehrstufig isomorph“. cf. A. LOEWY: Weber-Festschrift 1912 p. 198—227.

[2]) Wir benutzen als Zeichen für die Durchschnittsbildung zweier Mengen A, B das Zeichen $A \frown B$, das in der Logistik für die Konjunktion zweier Klassen gebraucht wird.

[3]) cf. L. Postulat 3 b p. 240 und Satz ζ, p. 243.

[4]) cf. die Literaturangaben von p. 3, Anm. [1]).

Bezeichnungen:

Ist A Untergruppe von B, so ist N (A < B) der Normalisator[1]) von A in B; wenn A und B beliebige Untergruppen einer dritten Gruppe sind, so ist $A \frown B$ der Durchschnitt von A und B. Mischgruppen und deren Teilmengen werden mit großen deutschen Buchstaben: $\mathfrak{M}$, $\mathfrak{U}$, $\mathfrak{K}$, $\cdots$, ihre Elemente mit kleinen deutschen Buchstaben: $\mathfrak{a}$, $\mathfrak{b}$, $\mathfrak{x}$, $\mathfrak{k}$, $\mathfrak{u}$, $\cdots$, Abbildungen mit kleinen lateinischen Buchstaben: a, x, $\cdots$, Abbildungsgruppen mit großen lateinischen Buchstaben: M, U, J, $\cdots$ bezeichnet.

§ 1. Die Grundlagen.

Unter einer *Mischgruppe* $\mathfrak{M}$ mit dem *Kern* $\mathfrak{K}$ verstehen wir eine Menge $\mathfrak{M}$ von Elementen, in der eine — im allgemeinen echte — Teilmenge $\mathfrak{K}$ ausgezeichnet ist, und zwischen deren Elementen eine *Komposition* festgesetzt ist, die den folgenden Postulaten genügt:

I. $\mathfrak{K}$ ist eine Gruppe.

II. Sind $\mathfrak{a}$, $\mathfrak{b}$ irgendzwei Elemente aus $\mathfrak{M}$, so entspricht $\mathfrak{a}\mathfrak{b}$ dann und nur dann ein — und, wenn überhaupt ein, dann auch nur ein — Element aus $\mathfrak{M}$, wenn $\mathfrak{a}$ Element aus $\mathfrak{K}$ ist.

Sind $\mathfrak{a}$ und $\mathfrak{b}$ Elemente aus $\mathfrak{K}$, so folgt dies schon aus I. — Weiter folgt, daß $\mathfrak{a}(\mathfrak{b}\mathfrak{c})$ und $(\mathfrak{a}\mathfrak{b})\mathfrak{c}$ dann und nur dann gebildet werden können, wenn $\mathfrak{a}$, $\mathfrak{b}$ Elemente aus $\mathfrak{K}$ sind.

III. Sind $\mathfrak{a}$ und $\mathfrak{b}$ Elemente aus $\mathfrak{K}$, so ist

$$(\mathfrak{a}\mathfrak{b})\mathfrak{c} = \mathfrak{a}(\mathfrak{b}\mathfrak{c}) = \mathfrak{a}\mathfrak{b}\mathfrak{c}.$$

Ist auch $\mathfrak{c}$ Element aus $\mathfrak{K}$, so folgt III ebenfalls aus I.

Zunächst zeigen wir, daß unsere *Postulate voneinander unabhängig* sind:

ad I: Es bestehe $\mathfrak{K}$ aus allen Elementen $\mathfrak{a}^n$ für $n > 0$ mit $\mathfrak{a}^n \neq \mathfrak{a}^m$ für $n \neq m$, $\mathfrak{M}$ aus den Elementen $\mathfrak{a}^n$, $\mathfrak{a}^n\mathfrak{b}$ für $n = 1, 2, \ldots$ und $\mathfrak{a}^m\mathfrak{b} \neq \mathfrak{a}^n$ sowie $\mathfrak{a}^n\mathfrak{b} \neq \mathfrak{a}^m\mathfrak{b}$ für $n \neq m$. Dann ist I sicher nicht erfüllt, dagegen II und III wegen $\mathfrak{a}^n \cdot \mathfrak{a}^m = \mathfrak{a}^{n+m}$ und $\mathfrak{a}^n(\mathfrak{a}^m\mathfrak{b}) = \mathfrak{a}^{n+m}\mathfrak{b}$.

ad II: Sei $\mathfrak{M}$ irgendeine Gruppe, die wenigstens eine echte Untergruppe $\mathfrak{K}$ enthält; als Komposition für die Elemente von $\mathfrak{M}$ sei die Gruppenkomposition festgesetzt. Dann sind I und III, aber nicht II erfüllt.

ad III: Sei $\mathfrak{M} = \{1, \mathfrak{a}, \mathfrak{b}_1, \mathfrak{b}_2, \cdots\}$, $\mathfrak{K} = \{1, \mathfrak{a}\}$ und $\mathfrak{a}^2 = 1$, $\mathfrak{a}\mathfrak{b}_i = \mathfrak{b}_{i+1}$, $\mathfrak{b}_i \neq \mathfrak{b}_k$ für $i \neq k$, $\mathfrak{b}_i \neq \mathfrak{a}$ und $\mathfrak{b}_i \neq 1$.

Dann sind die Postulate I, II erfüllt, aber III wegen $\mathfrak{a}(\mathfrak{a}\mathfrak{b}_i) = \mathfrak{a}\mathfrak{b}_{i+1} = \mathfrak{b}_{i+2}$ und $(\mathfrak{a}\mathfrak{a})\mathfrak{b}_i = 1\,\mathfrak{b}_i = \mathfrak{b}_i \neq \mathfrak{b}_{i+2}$ nicht.

Satz 1: *Ist $\mathfrak{K}_1$ eine — echte oder unechte — Untergruppe von $\mathfrak{K}$, so genügt die Klasseneinteilung:*

---

[1]) cf. etwa A. Speiser: Theorie der Gruppen endlicher Ordnung; Berlin 1923, p. 38.

zwei Elemente $\mathfrak{a}$ *und* $\mathfrak{b}$ *aus* $\mathfrak{M}$ *gehören dann und nur dann zur gleichen Klasse nach* $\mathfrak{K}_1$, *wenn* $\mathfrak{a} = \mathfrak{k}\,\mathfrak{b}$ *ist, wo* $\mathfrak{k}$ *Element aus* $\mathfrak{K}_1$ *ist;*

den üblichen Postulaten; sie stellt die Zerlegung von $\mathfrak{M}$ *nach* $\mathfrak{K}_1$ *dar.*[1])

1. Die Klasseneinteilung ist reflexiv, da $\mathfrak{a} = 1\,\mathfrak{a}$ ist.

2. Ist $\mathfrak{a} = \mathfrak{k}\,\mathfrak{b}$, so ist wegen der Gruppeneigenschaft von $\mathfrak{K}_1$ mit $\mathfrak{k}$ auch $\mathfrak{k}^{-1}$ Element aus $\mathfrak{K}_1$ und es gilt: $\mathfrak{k}^{-1}\,\mathfrak{a} = \mathfrak{k}^{-1}\,\mathfrak{k}\,\mathfrak{b} = \mathfrak{b}$ wegen I, II, III; mithin ist die Klasseneinteilung symmetrisch.

3. Gehören $\mathfrak{a}$ und $\mathfrak{b}$, $\mathfrak{b}$ und $\mathfrak{c}$ zur gleichen Klasse nach $\mathfrak{K}_1$, so können wir wegen 2 annehmen, daß: $\mathfrak{a} = \mathfrak{k}_1\,\mathfrak{b}$, $\mathfrak{b} = \mathfrak{k}_2\,\mathfrak{c}$ und $\mathfrak{k}_i$ $(i = 1, 2)$ Element aus $\mathfrak{K}_1$ ist. Dann ist wegen III. aber:

$$\mathfrak{a} = \mathfrak{k}_1\ (\mathfrak{k}_2\ \mathfrak{c}) = (\mathfrak{k}_1\ \mathfrak{k}_2)\ \mathfrak{c};$$

da $\mathfrak{K}_1$ eine Gruppe ist, ist auch $\mathfrak{k}_1\mathfrak{k}_2$ Element von $\mathfrak{K}_1$; unsere Klasseneinteilung ist also auch transitiv.

Zusatz: *Ist* $\mathfrak{a}$ *irgendein Element aus* $\mathfrak{M}$, *so durchläuft* $\mathfrak{k}\,\mathfrak{a}$ *alle Elemente der Klasse nach* $\mathfrak{K}_1$, *der* $\mathfrak{a}$ *angehört, wenn* $\mathfrak{k}$ *alle Elemente aus* $\mathfrak{K}_1$ *durchläuft; wir können diese Klasse also auch* $\mathfrak{K}_1\,\mathfrak{a}$ *nennen.*

Dies folgt ohne weiteres aus der Definition der Klasseneinteilung.

Satz 2: *Ist* $\mathfrak{K}_1$ *eine Untergruppe von* $\mathfrak{K}$, $\mathrm{N}\,(\mathfrak{K}_1 < \mathfrak{K})$ *der Normalisator von* $\mathfrak{K}_1$ *in* $\mathfrak{K}$ *und* $\|\ \mathfrak{M} / \mathfrak{K}_1\ \|$ *das System der Klassen von* $\mathfrak{M}$ *nach* $\mathfrak{K}_1$, *so ist* $\|\ \mathfrak{M} / \mathfrak{K}_1\ \|$ *eine Mischgruppe, und zwar ist —*

wenn man die Komposition der Klassen durch Komposition der Elemente definiert —

der Kern von $\|\ \mathfrak{M} / \mathfrak{K}_1\ \|$ *das System der in* $\mathrm{N}(\mathfrak{K}_1 < \mathfrak{K})$ *enthaltenen Klassen nach* $\mathfrak{K}_1$.[2])

Seien $\mathfrak{K}_1\ \mathfrak{a}_1$ und $\mathfrak{K}_1\ \mathfrak{a}_2$ irgendzwei Klassen von $\mathfrak{M}$ nach $\mathfrak{K}_1$. Um $(\mathfrak{K}_1\ \mathfrak{a}_1)\ (\mathfrak{K}_2\ \mathfrak{a}_2)$ bilden zu können, muß aber $\mathfrak{K}_1\ \mathfrak{a}_1$ in $\mathfrak{K}$ enthalten sein. Es soll aber überdies dies Produkt zweier Klassen gleich einer eindeutig bestimmten Klasse: $\mathfrak{K}_1\ \mathfrak{a}_{12}$ sein. Da $\mathfrak{K}_1\ \mathfrak{a}_i$ $(i = 1, 2)$ u.a. auch $\mathfrak{a}_i$ enthalten muß, so muß $\mathfrak{K}_1\ \mathfrak{a}_{12}$ u. a. auch $\mathfrak{a}_1\,\mathfrak{a}_2$ enthalten; es muß also: $(\mathfrak{K}_1\ \mathfrak{a}_1)\ (\mathfrak{K}_1\ \mathfrak{a}_2) = \mathfrak{K}_1\ \mathfrak{a}_1\ \mathfrak{a}_2$ sein. Da $\mathfrak{K}_1\ \mathfrak{K}_1 = \mathfrak{K}_1$ ist, so muß also $\mathfrak{a}_1$ mit $\mathfrak{K}_1$ vertauschbar sein, d. h. $\mathfrak{a}_1$ muß $\mathrm{N}\ (\mathfrak{K}_1 < \mathfrak{K})$ angehören. Dies ist aber für die Möglichkeit der Komposition auch hinreichend. Es gilt also der

Zusatz: *Ist* $\mathfrak{K}_1\ \mathfrak{n}$ *eine Klasse aus* $\mathrm{N}\ (\mathfrak{K}_1 < \mathfrak{K})$ *und* $\mathfrak{K}_1\ \mathfrak{a}$ *eine beliebige Klasse, so ist:*

$$(\mathfrak{K}_1\ \mathfrak{n})\ (\mathfrak{K}_1\ \mathfrak{a}) = \mathfrak{K}_1 \mathfrak{n}\,\mathfrak{a}.$$ [2])

---

[1]) cf. L. § 3 p. 246/247.

[2]) cf. L. § 3 Satz p. 247.

Definition I: *Sei $\mathfrak{U}$ eine Teilmenge von $\mathfrak{M}$; $\mathfrak{U}$ heißt eine Untermischgruppe von $\mathfrak{M}$, wenn*

a. $\mathfrak{U}$ eine Mischgruppe ist für die Komposition ihrer Elemente, die sie schon als Elemente von $\mathfrak{M}$ besitzen,

b. mit $\mathfrak{a}$ und $\mathfrak{k}\,\mathfrak{a}$ auch $\mathfrak{k}$ Element von $\mathfrak{U}$ ist.[1])

Satz 3: *Eine Teilmenge $\mathfrak{U}$ von $\mathfrak{M}$ ist dann und nur dann eine Untermischgruppe von $\mathfrak{M}$, wenn*

1. der Durchschnitt $\mathfrak{U} \frown \mathfrak{K}$ von $\mathfrak{U}$ und von $\mathfrak{K}$ eine Untergruppe von $\mathfrak{K}$ ist,

2. nur ganze Klassen von $\mathfrak{M}$ nach $\mathfrak{U} \frown \mathfrak{K}$ in $\mathfrak{U}$ enthalten sind,

3. aus einer Klasse nach $\mathfrak{K}$ höchstens eine Klasse nach $\mathfrak{U} \frown \mathfrak{K}$ in $\mathfrak{U}$ auftritt.[2])

A. Wenn $\mathfrak{U}$ eine Untermischgruppe ist, so muß wegen Postulat II bzw. Bedingung a der Definition mit $\mathfrak{k}$ aus $\mathfrak{K} \frown \mathfrak{U}$ und $\mathfrak{u}$ aus $\mathfrak{U}$ auch $\mathfrak{k}\mathfrak{u}$ in $\mathfrak{U}$ enthalten sein. Da dies für alle und nur die Elemente $\mathfrak{k}$ aus $\mathfrak{K} \frown \mathfrak{U}$ gilt, so muß $\mathfrak{K} \frown \mathfrak{U}$ der Kern von $\mathfrak{U}$, also eine Gruppe wegen I sein; wegen II muß mit $\mathfrak{K} \frown \mathfrak{U}$ und $\mathfrak{u}$ also auch $(\mathfrak{K} \frown \mathfrak{U})\,\mathfrak{u}$ in $\mathfrak{U}$ enthalten sein, womit auch 2 bewiesen ist.

Sind weiter $(\mathfrak{K} \frown \mathfrak{U})\,\mathfrak{u}$ und $(\mathfrak{K} \frown \mathfrak{U})\,\mathfrak{k}\mathfrak{u}$, wo $\mathfrak{k}$ aus $\mathfrak{K}$ stammt, in $\mathfrak{U}$ enthalten, so muß wegen b — mit $\mathfrak{u}$ und $\mathfrak{k}\mathfrak{u}$ — auch $\mathfrak{k}$ in $\mathfrak{K} \frown \mathfrak{U}$ enthalten sein, d. h.

$$(\mathfrak{K} \frown \mathfrak{U})\,\mathfrak{u} = (\mathfrak{K} \frown \mathfrak{U})\,\mathfrak{k}\mathfrak{u},$$

womit 3 bewiesen ist.

B. Erfüllt die Teilmenge $\mathfrak{U}$ von $\mathfrak{M}$ die Bedingungen 1—3, so genügt sie a; denn wegen 1 erfüllt sie I, II wegen 2 und III ist von selbst erfüllt, da $\mathfrak{U}$ Teilmenge von $\mathfrak{M}$ ist.

Schließlich folgt für alle $\mathfrak{k}$ aus $\mathfrak{K}$ und $\mathfrak{u}$ aus $\mathfrak{U}$ wegen 3

$$(\mathfrak{K} \frown \mathfrak{U})\,\mathfrak{u} = (\mathfrak{K} \frown \mathfrak{U})\,\mathfrak{k}\mathfrak{u},$$

wenn nur $(\mathfrak{K} \frown \mathfrak{U})\,\mathfrak{k}\,\mathfrak{u}$ in $\mathfrak{U}$ vorkommt, d. h. $\mathfrak{k}$ ist in $\mathfrak{K} \frown \mathfrak{U}$ enthalten; also ist auch b erfüllt.

Zusatz: *Man erhält die allgemeinste Untermischgruppe $\mathfrak{U}$ von $\mathfrak{M}$, wenn man eine beliebige Untergruppe von $\mathfrak{K}$ gleich $\mathfrak{U} \frown \mathfrak{K}$ setzt und aus*

---

[1]) Diese Bedingung wird nötig, da es für Elemente $\mathfrak{a}$ aus $\mathfrak{M}$, aber nicht aus $\mathfrak{K}$ keine Inversen $\mathfrak{a}^{-1}$ gibt, die $\mathfrak{a}\,\mathfrak{a}^{-1} = 1$ (cf. L. Postulat 3 b p. 240) erfüllen, woraus sich 2 erschließen ließe; die Unabhängigkeit dieser Bedingung folgt sofort aus Satz 3. Vgl. auch Anm. [1]) p. 12.

[2]) Im wesentlichen sind die Bedingungen 1, 2 des Satzes 3 der Bedingung a der Definition, die Bedingung 3 des Satzes 3 der Bedingung b der Definition äquivalent.

beliebigen Klassen von $\mathfrak{M}$ nach $\mathfrak{K}$ je eine Klasse von $\mathfrak{M}$ nach $\mathfrak{U} \frown \mathfrak{K}$ in $\mathfrak{U}$ hinein nimmt.

Definition 2: *Sind $\mathfrak{M}$ und $\mathfrak{M}'$ zwei Mischgruppen mit den Kernen $\mathfrak{K}$ bzw. $\mathfrak{K}'$, so ist ein Isomorphismus von $\mathfrak{M}$ auf $\mathfrak{M}'$ eine eineindeutige Abbildung der Elemente von $\mathfrak{M}$ auf die von $\mathfrak{M}'$, bei der für irgendzwei Elemente $\mathfrak{a}_i$ (i = 1, 2) aus $\mathfrak{M}$ mit den Bildelementen $\mathfrak{a}_i'$ aus $\mathfrak{M}'$ gilt, daß $\mathfrak{a}_1\mathfrak{a}_2$ und $\mathfrak{a}_1'\mathfrak{a}_2'$ gleichzeitig existieren oder nicht existieren, und daß im ersten Falle:*

$$(\mathfrak{a}_1\mathfrak{a}_2)' = \mathfrak{a}_1'\mathfrak{a}_2'$$

ist.[1])

Es gilt dann der fundamentale

Satz 4: *Dann und nur dann gibt es einen Isomorphismus zwischen $\mathfrak{M}$ und $\mathfrak{M}'$, wenn*

1. $\mathfrak{K}$ und $\mathfrak{K}'$ als Gruppen isomorph sind und es

2. eine eineindeutige Abbildung der Klassen von $\mathfrak{M}$ nach $\mathfrak{K}$ auf die von $\mathfrak{M}'$ nach $\mathfrak{K}'$ gibt —

diese kann dann stets so eingerichtet werden, daß $\mathfrak{K}$ und $\mathfrak{K}'$ einander zugeordnet werden.[2])

A. Es seien $\mathfrak{M}$ und $\mathfrak{M}'$ isomorph; ist dann $\mathfrak{k}$ ein Element aus $\mathfrak{K}$, $\mathfrak{k}'$ sein Bildelement in $\mathfrak{M}'$, so gilt für jedes Element $\mathfrak{a}'$ aus $\mathfrak{M}'$, daß $\mathfrak{k}'\mathfrak{a}'$ existieren muß, da $\mathfrak{k}\mathfrak{a}$ existiert, wenn $\mathfrak{a}'$ das Bild von $\mathfrak{a}$ ist. Also ist $\mathfrak{k}'$ Element von $\mathfrak{K}'$ und die Zuordnung also speziell eine isomorphe zwischen $\mathfrak{K}$ und $\mathfrak{K}'$.

2. folgt jetzt aber daraus, daß für alle $\mathfrak{k}$ aus $\mathfrak{K}$ mit dem Bild $\mathfrak{k}'$ aus $\mathfrak{K}'$ und $\mathfrak{a}$ aus $\mathfrak{M}$ mit dem Bildelement $\mathfrak{a}'$ aus $\mathfrak{M}'$ gilt:

$$(\mathfrak{k}\,\mathfrak{a})' = \mathfrak{k}'\,\mathfrak{a}'.$$

B. Seien die Bedingungen 1 und 2 des Satzes 4 erfüllt und jedem $\mathfrak{k}$ aus $\mathfrak{K}$ ein $\mathfrak{k}'$ aus $\mathfrak{K}'$ isomorph zugeordnet, weiter jeder Klasse $\mathfrak{K}\mathfrak{a}$ von $\mathfrak{M}$ nach $\mathfrak{K}$ eineindeutig eine Klasse $\mathfrak{K}'\,\mathfrak{a}'$ von $\mathfrak{M}'$ nach $\mathfrak{K}'$. Wählen wir jetzt aus $\mathfrak{K}\,\mathfrak{a}$ willkürlich ein Element — etwa $\mathfrak{a}$, aus $\mathfrak{K}$ speziell die Identität — und ebenso aus $\mathfrak{K}'\,\mathfrak{a}'$ willkürlich eines — etwa $\mathfrak{a}'$, aus $\mathfrak{K}'$ speziell die Identität — aus, so ist die Zuordnung:

$$\mathfrak{k}\,\mathfrak{a} \text{ wird } \mathfrak{k}'\,\mathfrak{a}' \text{ zugeordnet}$$

ein Isomorphismus von $\mathfrak{M}$ und $\mathfrak{M}'$.

§ 2. Die ähnlichen Abbildungen.

Definition 1: *Eine eineindeutige Abbildung der Mischgruppe $\mathfrak{M}$ auf sich heiße ähnlich, wenn für irgendzwei Elemente $\mathfrak{a}_i$* (i = 1, 2), *die*

---

[1]) cf. L. § 2, p. 244.

[2]) cf. L. § 2, Satz 1 p. 245.

$$\mathfrak{a}_1 = \mathfrak{k}\,\mathfrak{a}_2$$

erfüllen, wo $\mathfrak{k}$ *notwendig Element von* $\mathfrak{K}$ *ist, auch die Bilder* $\mathfrak{a}_i'$

$$\mathfrak{a}_1' = \mathfrak{k}\,\mathfrak{a}_2'$$

erfüllen.[1])

Satz 1: *Eine ähnliche Abbildung von* $\mathfrak{M}$ *auf sich ist dann und nur dann die Identität, wenn bei ihr in jeder Klasse von* $\mathfrak{M}$ *nach* $\mathfrak{K}$ *je ein Element in sich übergeht.*

Gehe bei der Abbildung etwa das Element $\mathfrak{a}$ in sich über; dann müssen auch alle Elemente $\mathfrak{k}\,\mathfrak{a}$ für alle $\mathfrak{k}$ aus $\mathfrak{K}$ in sich übergehen; d. h. es gilt der folgende Zusatz 1, aus dem unser Satz 1 ohne weiteres folgt:

Zusatz 1: *Geht bei einer ähnlichen Abbildung von* $\mathfrak{M}$ *auf sich ein Element einer Klasse nach* $\mathfrak{K}$ *in sich über, so tun dies alle Elemente dieser Klasse.*

Zusatz 2: *Sind* a_1 *und* a_2 *zwei ähnliche Abbildungen von* $\mathfrak{M}$ *auf sich, so ist dann und nur dann* $a_1 = a_2$, *wenn es in jeder Klasse von* $\mathfrak{M}$ *nach* $\mathfrak{K}$ *ein Element gibt, das durch beide Abbildungen in das gleiche Element übergeführt wird.*

Denn dann muß nach Satz 1 die Abbildung $a_1\,a_2^{-1}$ die Identität sein, wenn man noch bedenkt, daß *die Gesamtheit der ähnlichen Abbildungen von* $\mathfrak{M}$ *auf sich eine Gruppe bildet.*

Zusatz 3: *Wir erhalten die allgemeinste ähnliche Abbildung von* $\mathfrak{M}$ *auf sich durch die beiden Angaben:*

1. eine willkürliche eineindeutige Abbildung des Systems der Klassen von $\mathfrak{M}$ *nach* $\mathfrak{K}$ *auf sich,*

2. willkürliche Festsetzung des Bildelements eines willkürlichen Elements einer Klasse nach $\mathfrak{K}$ *in der nach 1. bestimmten Bildklasse.*

Oder kürzer:
eineindeutige Abbildung eines vollständigen Repräsentantensystems der Klassen von $\mathfrak{M}$ *nach* $\mathfrak{K}$ *auf irgendein anderes.*

Sei nämlich $\{\mathfrak{a}_\nu\}$ solch ein vollständiges Repräsentantensystem, $\{\mathfrak{a}_\nu'\}$ ein derartiges Bildsystem; wir erhalten die ähnliche Abbildung durch die Festsetzung: $\mathfrak{k}\,\mathfrak{a}_\nu$ habe für alle $\mathfrak{k}$ aus $\mathfrak{K}$ als Bild $\mathfrak{k}\,\mathfrak{a}_\nu'$.

Sei jetzt M die Gruppe aller ähnlichen Abbildungen von $\mathfrak{M}$ auf sich, E die Untergruppe von M, bei der die Identität und wegen Zusatz 1 also

[1]) Die ähnliche Abbildung zweier verschiedenen Mischgruppen $\mathfrak{M}$ und $\mathfrak{M}'$ mit den Kernen $\mathfrak{K}$ und $\mathfrak{K}'$ ist so zu definieren: *zu der ähnlichen Abbildung von* $\mathfrak{M}$ *auf* $\mathfrak{M}'$ *gehört ein Isomorphismus von* $\mathfrak{K}$ *und* $\mathfrak{K}'$, *bei dem* $\mathfrak{k}$ *aus* $\mathfrak{K}$ *das Element* $\mathfrak{k}^*$ *aus* $\mathfrak{K}'$ *zugeordnet wird; dann folgt aus* $\mathfrak{a}_1 = \mathfrak{k}\,\mathfrak{a}_2$ *auch* $\mathfrak{a}_1' = \mathfrak{k}^*\,\mathfrak{a}_2'$, *wenn* $\mathfrak{a}_i'$ *Bild von* $\mathfrak{a}_i$ $(i = 1, 2)$ *ist.*

auch ganz $\mathfrak{K}$ invariant bleiben, schließlich K die Untergruppe von M und Obergruppe von E, bei der Elemente aus $\mathfrak{K}$ wieder in Elemente aus $\mathfrak{K}$ übergehen.

Diese Bezeichnungen werden im folgenden beibehalten.

Satz 2: *Dann und nur dann ist*

$$K = N(E < M),$$

wenn $\mathfrak{M}$ *nicht die* *singuläre Mischgruppe* —

$$\mathfrak{M} = \{1, \mathfrak{a}\}, \ \mathfrak{K} = \{1\} \ —$$

ist.

Dieser Satz enthält den schwierigsten Schritt für den Beweis des wichtigen Satzes 3.

Zunächst zeigen wir:

E *ist stets Normalteiler von* K.

Sei nämlich e ein Element aus E, k eines aus K und führe k die Identität von $\mathfrak{K}$ in das Element $\mathfrak{k}$ aus $\mathfrak{K}$ über. Notwendig (Zusatz 1 des Satz 1) läßt e auch $\mathfrak{k}$ in Ruhe, also führt $k\,e\,k^{-1}$ die Identität in sich über, gehört also zu E.

1. Fall: E bestehe nur aus der Identität.

Wegen Zusatz 3 des Satz 1 kann es dann höchstens eine von $\mathfrak{K}$ verschiedene Klasse nach $\mathfrak{K}$ geben.

a.) Es existiere ein $\mathfrak{K}\mathfrak{a} \neq \mathfrak{K}$. Dann darf wieder wegen Zusatz 3 $\mathfrak{K}\mathfrak{a}$ und also auch $\mathfrak{K}$ nur aus je einem Element bestehen; dies ist der Fall der singulären Mischgruppe und es ist $E = K = \{1\}$, $N(E < M) = M = \{1, a\}$ mit $a^2 = 1$.

b.) $\mathfrak{M} = \mathfrak{K}$; dann ist $K = M = N(E < M)$ und $\mathfrak{M}$ ist isomorph zu M.[1])

2. Fall: E bestehe nicht nur aus der Identität; also ist $\mathfrak{M}$ weder eine Gruppe noch die singuläre Mischgruppe.

Sei a eine ähnliche Abbildung von $\mathfrak{M}$ auf sich, bei der die Identität in ein Element $\mathfrak{a}$ übergeht, das nicht aus $\mathfrak{K}$ stammt; a gehöre also nicht zu K.

a.) $\mathfrak{K}$ bestehe nur aus der Identität.

Dann muß es eine von $\mathfrak{K}$ und $\mathfrak{K}\,\mathfrak{a}$ verschiedene Klasse $\mathfrak{K}\,\mathfrak{b}$ geben; wegen Zusatz 3 des Satz 1 gibt es eine Abbildung e aus E, die $\mathfrak{a}$ in $\mathfrak{b}$, $\mathfrak{b}$ in $\mathfrak{a}$ überführt und sonst alles in Ruhe läßt. Dann geht bei $a\,e\,a^{-1}$

[1]) Wir sehen hier, daß der übliche Beweis des CAYLEYschen Satzes, daß jede Gruppe $\mathfrak{M}$ als Permutationsgruppe darstellbar ist, ebenfalls unter Benutzung der Gruppe M aller ähnlichen Abbildungen von $\mathfrak{M}$ auf sich geführt wird; cf. z. B. A. SPEISER: Theorie der Gruppen endlicher Ordnung; Berlin 1923; p. 11.

die Identität gewiß nicht in sich, sondern in das Element über, das bei a in $\mathfrak{b}$ übergeht; also gehört a e a^{-1} nicht zu E und a nicht zu N (E < M).

b.) $\mathfrak{K}$ enthalte wenigstens ein von der Identität verschiedenes Element $\mathfrak{k}_1$.

Sei e die ähnliche Abbildung, die bewirkt, daß $\mathfrak{k}\,\mathfrak{a}$ für alle $\mathfrak{k}$ aus $\mathfrak{K}$ in $\mathfrak{k}\,\mathfrak{k}_1\,\mathfrak{a}$, sonst alles in sich übergeht. a e führt die Identität dann in $\mathfrak{k}_1\,\mathfrak{a} \neq \mathfrak{a}$ über, a e a^{-1} sicher nicht die Identität in sich, gehört also nicht zu E und a also nicht zu N (E < M).

Satz 3: || M / E || *ist eine Mischgruppe mit dem Kern* K / E[1]) *und isomorph zu* $\mathfrak{M}$, *wenn* $\mathfrak{M}$ *von der singulären Mischgruppe verschieden ist.*[2])

Aus Satz 1 und 2 des § 1 folgt, daß || M / E || eine Mischgruppe mit dem Kern N (E < M) / E ist und aus Satz 2 dieses § 2 folgt, daß N (E < M) / E = K / E ist, wenn nur $\mathfrak{M}$ nicht die singuläre Mischgruppe ist.

Zwei Elemente von M gehören dann und nur dann zur gleichen Klasse nach E, wenn sie die Identität aus $\mathfrak{M}$ in dasselbe Element aus $\mathfrak{M}$ überführen; wir können also einer Klasse von M nach E das Element aus $\mathfrak{M}$ zuordnen, in das die Elemente dieser Klasse die Identität von $\mathfrak{M}$ überführen. Es ist zu zeigen, daß diese Zuordnung einen Isomorphismus bewirkt.

Die Eineindeutigkeit unserer Zuordnung folgt unmittelbar aus dem oben Bemerkten.

Den Klassen aus K sind durch unsere Zuordnung Elemente aus $\mathfrak{K}$ zugeordnet: etwa der Klasse E k aus K das Element $\mathfrak{k}$ aus $\mathfrak{K}$ und der beliebigen Klasse E a aus M das Element $\mathfrak{a}$ aus $\mathfrak{M}$.

Dann ist E k E a = E k a wegen Satz 2 und führt die Identität in $\mathfrak{k}\,\mathfrak{a}$ über, da k und a ähnliche Abbildungen sind, womit die Isomorphie gezeigt ist.

Zusatz: *Die singuläre Mischgruppe läßt sich auf keine Weise als System der Restklassen einer Gruppe nach einer Untergruppe darstellen.*

Sei nämlich || M / E || eine solche Darstellung; dann ist — in bekannter Schreibweise — M = E + E a = E + a E, wo a nicht in E enthalten und sonst beliebig ist. Also ist E a = a E und E Normalteiler von M, M / E also eine Faktorgruppe und gewiß nicht der singulären Mischgruppe isomorph.

Satz 4: *Ist* U *eine beliebige Untergruppe von* M, *so ist das System* $\mathfrak{U}$ *aller der Elemente, in die die Identität von* $\mathfrak{M}$ *durch Elemente*

---

[1]) cf. L. § 3 Satz p. 247.

[2]) cf. L. § 5 Satz 3 p. 252, wo — wie man sich leicht überzeugt —, ein zu M, E isomorphes Paar von Gruppen zur Darstellung der Mischgruppe benutzt wird.

aus U *übergeführt wird, eine Untermischgruppe von* $\mathfrak{M}$ *mit dem Kern* $\mathfrak{K} \frown \mathfrak{U}$.[1] [2])

Durch $K \frown U$ wird die Identität von $\mathfrak{M}$ in die sämtlichen Elemente von $\mathfrak{K} \frown \mathfrak{U}$ übergeführt. Führe also die Abbildung k aus $K \frown U$ die Identität in das Element $\mathfrak{k}$ aus $\mathfrak{K} \frown \mathfrak{U}$ über, die Abbildung a aus U die Identität in $\mathfrak{a}$ aus $\mathfrak{U}$; dann führt a das Element $\mathfrak{k}$ in $\mathfrak{k}\,\mathfrak{a}$ über, k a also die Identität in $\mathfrak{k}\,\mathfrak{a}$; k^{-1} führt sie in $\mathfrak{k}^{-1}$ über, womit die Bedingung a der Definition 1 des § 1 verifiziert ist.

Führe a_i aus U die Identität aus $\mathfrak{U}$ in $\mathfrak{a}_i$ aus $\mathfrak{U}$ $(i = 1, 2)$ über und sei $\mathfrak{a}_1 = \mathfrak{k}\,\mathfrak{a}_2$, wo $\mathfrak{k}$ Element aus $\mathfrak{K}$ ist; dann führt $a_1\, a_2^{-1}$ die Identität in $\mathfrak{k}$ über; $\mathfrak{k}$ ist also Element von $\mathfrak{U}$, womit auch die Bedingung b verifiziert ist.

Definition 2: U *liefert eine konforme Darstellung von* $\mathfrak{U}$ *— ist zu* $\mathfrak{U}$ *konform — wenn* $\| U / U \frown E \|$ *isomorph zu* $\mathfrak{U}$ *ist.*[3])

Satz 5: *Dann und nur dann ist* U *zu* $\mathfrak{U}$ *konform, wenn es keine von* $\mathfrak{K} \frown \mathfrak{U}$ *verschiedene Klasse von* $\| \mathfrak{U} / (\mathfrak{K} \frown \mathfrak{U}) \|$ *gibt, die bei allen Abbildungen aus* $U \frown E$ *invariant bleibt.*[4])

Wir beweisen zunächst:

(F) *Dann und nur dann ist* U *zu* $\mathfrak{U}$ *konform, wenn*

$$N\,[(U \frown E) < U] = K \frown U \textit{ ist.}$$

Die Notwendigkeit von (F) folgt aus Satz 4, da $\mathfrak{K} \frown \mathfrak{U}$ gerade durch $K \frown U$ dargestellt wird. Im übrigen verläuft der Beweis von (F) analog wie der von Satz 3.

Aus (F) folgt aber leicht unser Satz:

sei nämlich $(\mathfrak{K} \frown \mathfrak{U})\,\mathfrak{a} \neq \mathfrak{K} \frown \mathfrak{U}$ eine Klasse aus $\mathfrak{U}$, die bei allen Abbildungen aus $E \frown U$ invariant bleibt; dann gibt es eine Abbildung a in U, aber nicht in $K \frown U$, die die Identität von $\mathfrak{U}$ in $\mathfrak{a}$ überführt. Da bei allen Abbildungen e aus $E \frown U$ auch $\mathfrak{a}$ invariant bleibt, läßt $a\,e\,a^{-1}$ die Identität in Ruhe, gehört also zu $E \frown U$, d. h. a müßte zu $N\,[(U \frown E) < U]$ gehören, was unmöglich ist.

Gibt es umgekehrt keine Klasse $(\mathfrak{K} \frown \mathfrak{U})\,\mathfrak{a} \neq \mathfrak{K} \frown \mathfrak{U}$ aus $\mathfrak{U}$, die bei allen Abbildungen aus $U \frown E$ invariant bleibt, so sei a ein Element aus

---

[1]) Aus diesem Satz wird ersichtlich, warum wir bei der Definition der Untermischgruppe (Definition 1 des § 1) die Zusatzbedingung b machen mußten; denn sonst gäbe es Untermischgruppen von $\mathfrak{M}$, die durch keine Untergruppen von M geliefert würden.

[2]) *Bei* U *geht* $\mathfrak{U}$ *in sich über.* Ist nämlich u ein Element aus U, so führt es die Identität von $\mathfrak{U}$ in das Element $\mathfrak{u}$ aus $\mathfrak{U}$ über und umgekehrt gibt es zu jedem Element $\mathfrak{u}$ aus $\mathfrak{U}$ eine solche Abbildung u aus U gemäß der Definition von $\mathfrak{U}$. — Sei jetzt a ein Element aus U, das das Element $\mathfrak{u}$ aus $\mathfrak{U}$ in ein Element $\mathfrak{a}$ überführt; dann führt u a die Identität in $\mathfrak{a}$ über; da u a aus U ist, muß also auch $\mathfrak{a}$ aus $\mathfrak{U}$ sein.

[3]) Hierbei ist natürlich jeder Klasse von U nach $U \frown E$ das durch sie repräsentierte Element von $\mathfrak{U}$ zuzuordnen.

[4]) Wenn $\mathfrak{U} = \mathfrak{U} \frown \mathfrak{K}$ ist, ist alles trivial, cf. p. 10, Anm. [1]).

N [(U ⌒ E) < U] und führe die Identität von $\mathfrak{U}$ in das Element $\mathfrak{a}$ aus $\mathfrak{U}$ über. Für alle e aus U⌒E gehört dann auch a e a^{-1} zu U⌒E, läßt also die Identität in Ruhe; notwendig müssen dann alle e das Element $\mathfrak{a}$ in Ruhe lassen; $\mathfrak{a}$ muß also zu $\mathfrak{K} \frown \mathfrak{U}$ gehören, also a zu K ⌒ U, d. h. N [(U ⌒ E) < U] = K ⌒ U.

Definition 3: *Eine Untergruppe* U *von* M *heißt transitiv, wenn die nach Satz 4 zugehörige Mischgruppe* $\mathfrak{U} = \mathfrak{M}$ *ist.*

Satz 6: *Ist* A *eine Gruppe,* B *eine Untergruppe von* A, *so daß* || A/B || *zu* $\mathfrak{M}$ *isomorph ist, so ist* A *einer transitiven, zu* $\mathfrak{M}$ *konformen Untergruppe* M* *von* M *homomorph, und zwar ist der Identität von* M *der größte in* B *enthaltene Normalteiler von* A *zugeordnet;* M* ⌒ E *ist weiter* B *und* M* ⌒ K *schließlich* N (B < A) *zugeordnet.*

Den Beweis führen wir in 5 Schritten:

(1) Sei a *ein festes Element aus* A *und* B_ν = B a_ν *irgendeine Klasse von* A *nach* B. *Es ist* B_ν a = B_μ *und dann und nur dann* B_ν a = B_ϱ a, *wenn* $B_\nu = B_\varrho$ *ist.*

Es ist B_ν a = B a_ν a = B_μ eine bestimmte Klasse von A nach B. — Ist weiter B_ν a = B_ϱ a, so gibt es zu jedem b aus B ein b′ aus B, so daß b a_ν a = b′ a_ϱ a ist; dann muß also a_ν = b″ a_ϱ sein, wo b″ aus B ist, d. h. $B_\nu = B_\varrho$.

Schließlich ist, wenn B_ν = B a_ν ist, B_μ = B a_ν a^{-1} die Klasse derart, daß B_μ a = B_ν ist, so daß also gilt:

(1a) Jedes Element a *aus* A *bewirkt durch die Beziehung:*

$$\mathrm{B\ a_\nu} \rightleftarrows \mathrm{B\ a_\nu a} \quad \textit{bzw.}\ B_\nu \rightleftarrows B_\nu\ \mathrm{a}$$

für alle Klassen B_ν *von* || A / B || *eine eineindeutige Abbildung der Klassen von* || A / B ||, *also auch der Elemente von* $\mathfrak{M}$ *auf sich.*

Es gilt sogar:

(2) Die durch das Element a *aus* A *gemäß (1a) induzierte Abbildung von* $\mathfrak{M}$ *auf sich ist eine ähnliche Abbildung.*

Seien $\mathfrak{a}_i$ (i = 1, 2) zwei Elemente aus $\mathfrak{M}$ und $\mathfrak{a}_1 = \mathfrak{k}\ \mathfrak{a}_2$, also $\mathfrak{k}$ Element aus $\mathfrak{K}$; weiter sei $\mathfrak{a}_i$ die Klasse B a_i, $\mathfrak{k}$ die Klasse B k von A nach B zugeordnet, wo also k und B k zu N (B < A) gehören.

Wegen der Isomorphie von $\mathfrak{M}$ und || A / B || ist B a_1 = B k B a_2 = B k a_2, da ja k als Element von N (B < A) mit B vertauschbar ist.

Die durch a induzierte Abbildung ist aber:

$$\mathrm{B\ a_i} \leftrightarrows \mathrm{B\ a_i\ a},$$

also nach obigem:

$$\mathrm{B\ a_1\ a = (B\ k)\ (B\ a_2\ a) = (B\ k\ a_2)\ a,\ d.\,h.\ es\ gilt:}$$

$$\mathrm{(B\ k)\ (B\ a_2)} \rightleftarrows \mathrm{(B\ k)\ (B\ a_2\ a).}$$

(3) Ist a *Element aus* N (B < A), *so gehen bei der durch* a *induzierten Abbildung von* $\mathfrak{M}$ *auf sich Elemente von* $\mathfrak{K}$ *in Elemente von* $\mathfrak{K}$ *über.*

Wegen der Isomorphie von $\mathfrak{M}$ und || A / B || gehören die $\mathfrak{K}$ zugeordneten Klassen von || A / B || zu N (B < A); die Abbildung: $B_\nu \rightleftarrows B_\nu$ a führt aber Klassen aus N (B < A) wieder in solche über, da a Element aus N (B < A) ist.

(4) Ist a *Element aus* B, *so geht bei der durch* a *induzierten Abbildung von* $\mathfrak{M}$ *auf sich die Identität von* $\mathfrak{M}$ *— und wegen Satz 1 also jedes Element von* $\mathfrak{K}$ *— in sich über.*

Denn dann ist B a = B.

(5) Dann und nur dann induziert a *die identische Abbildung von* $\mathfrak{M}$ *auf sich, wenn* a *dem größten in* B *enthaltenen Normalteiler von* A *angehört.*

Ist a gemäß (5) ausgewählt, so ist für alle x aus A auch x a x^{-1} Element von B; es ist dann:

$$B\, a_\nu\, a = [B\, (a_\nu\, a\, a_\nu^{-1})]\, a_\nu = B\, a_\nu.$$

Ist umgekehrt B a_ν a = B a_ν für alle a_ν, so ist

$$B\, a_\nu\, a\, a_\nu^{-1}\, a_\nu = B\, a_\nu, \text{ d. h. } B\, a_\nu\, a\, a_\nu^{-1} = B$$

oder für alle a_ν ist a_ν a a_ν^{-1} Element von B.

Zusatz: *Ist* N *der größte in* B *enthaltene Normalteiler von* A, *so ist* A / N *isomorph zu* M* *und* B / N *isomorph zu* M* ⌒ E.

Satz 7: *1. Ist* $\mathfrak{U}$ *eine Untermischgruppe von* $\mathfrak{M}$, *so ist die Untergruppe* U *aller und nur der Elemente aus* M, *die* $\mathfrak{U}$ *in sich überführen, homomorph der Gruppe* $\overline{U}$ *aller ähnlichen Abbildungen von* $\mathfrak{U}$ *auf sich.*

2. Hierbei sind der Identität von $\overline{U}$ *die* $\mathfrak{U}$ *invariant lassenden Abbildungen aus* U *zugeordnet; sie bilden einen Normalteiler* N *von* U.

3. Ist $\overline{E}$ *die Untergruppe von* $\overline{U}$, *die die Identität von* $\mathfrak{U}$ *invariant läßt, so ist* $\overline{E}$ *der Gruppe* E ⌒ U *zugeordnet.*

4. Die den Kern $\mathfrak{K} \frown \mathfrak{U}$ *von* $\mathfrak{U}$ *in sich überführende Untergruppe* $\overline{K}$ *von* $\overline{U}$ *ist der Gruppe* K ⌒ U *zugeordnet.*

Dieser Satz stellt eine Art Umkehrung des Satz 4 dar.

A. Zunächst induziert jede Abbildung aus U eine ähnliche Abbildung von $\mathfrak{U}$, da U ja eine Untergruppe von M ist.

B. Ist umgekehrt $\bar{a}$ eine ähnliche Abbildung von $\mathfrak{U}$ auf sich, so haben wir $\bar{a}$ auf wenigstens eine Weise zu einer $\bar{a}$ umfassenden ähnlichen Abbildung a von $\mathfrak{M}$ auf sich zu erweitern.

Wegen Satz 3 des § 1 hat $\mathfrak{U}$ mit einer Klasse nach $\mathfrak{K}$ höchstens eine Klasse nach $\mathfrak{K} \frown \mathfrak{U}$ gemein; seien dies die Klassen: $(\mathfrak{K} \frown \mathfrak{U})\, \mathfrak{a}_\nu$.

Durch $\bar{a}$ gehe $(\mathfrak{K} \frown \mathfrak{U})\, \mathfrak{a}_\nu$ in $(\mathfrak{K} \frown \mathfrak{U})\, \mathfrak{a}_\mu$ und speziell $\mathfrak{a}_\nu$ in $\bar{\mathfrak{a}}_\mu$ aus $(\mathfrak{K} \frown \mathfrak{U})\, \mathfrak{a}_\mu$ über. Dann definieren wir a folgendermaßen:

für die Klassen $\mathfrak{K}\, \mathfrak{a}_\nu$, die mit $\mathfrak{U}$ Elemente gemein haben, gehe $\mathfrak{a}_\nu$ in $\bar{\mathfrak{a}}_\mu$, für alle andern Klassen $\mathfrak{a}_\nu$ in sich über. Aus Zusatz 3 des Satz 1 folgt, daß hierdurch eine gesuchte Abbildung a bestimmt ist.

Bei dieser Abbildung von U auf $\bar{\mathrm{U}}$ wird jedem Element von U wenigstens eines von $\bar{\mathrm{U}}$ zugeordnet, zwei Elementen u_1, u_2 von U dann und nur dann dasselbe aus $\bar{\mathrm{U}}$, wenn u_1 und u_2 dieselbe Abbildung von $\mathfrak{U}$ induzieren, d. h. wenn $u_1\, u_2^{-1}$ die identische Abbildung von $\mathfrak{U}$ induziert.

C. Die anderen Behauptungen folgen hieraus ohne weiteres unter Berücksichtigung von Satz 4 und 3.

Unter Berücksichtigung von Satz 3, Zusatz zu Satz 3, Satz 4, Satz 6 folgt noch aus Satz 7:

Zusatz 1: *Dann und nur dann läßt sich* $\mathfrak{U}$ *durch Untergruppen von* M *darstellen, wenn* $\mathfrak{U}$ *von der singulären Mischgruppe verschieden ist.*

Zusatz 2: *Jede Darstellung* || A / B || *von* $\mathfrak{U}$ *ist homomorph einer Untergruppe* U* *von* U *bzw.* M, *die zu* $\mathfrak{U}$ *konform ist; hierbei ist dem größten in* B *enthaltenen Normalteiler* N *von* A *die Gesamtheit* N* *der Elemente von* U* *zugeordnet, die* $\mathfrak{U}$ *invariant lassen*; N* *ist ebenfalls Normalteiler von* U* *und in* U* ⌢ E *enthalten.*

Zusatz 3: *Jede zu* $\mathfrak{U}$ *konforme Untergruppe* U* *von* M *ist Untergruppe von* U, *der größten* $\mathfrak{U}$ *in sich überführenden Untergruppe von* M.

§ 3. Die Isomorphismen.

Satz 1: *Die Gruppe der den Kern* $\mathfrak{K}$ *invariant lassenden Isomorphismen von* $\mathfrak{M}$ *auf sich ist gleich der Gruppe* E *aller den Kern* $\mathfrak{K}$ *invariant lassenden ähnlichen Abbildungen von* $\mathfrak{M}$ *auf sich. Es gilt also:*

$$\mathrm{E} = \mathrm{J} \frown \mathrm{M},$$

wenn J *die Gruppe aller Isomorphismen,* M *die aller ähnlichen Abbildungen von* $\mathfrak{M}$ *auf sich ist.*

Wir haben zu zeigen: ein Isomorphismus ist dann und nur dann eine ähnliche Abbildung, wenn er den Kern invariant läßt.

Die Notwendigkeit dieser Bedingung folgt aus Zusatz 1 des Satz 1 des § 2, da bei Isomorphismen stets die Identität von $\mathfrak{K}$ invariant bleibt.

Läßt aber der Isomorphismus a den Kern $\mathfrak{K}$ invariant und führt er $\mathfrak{a}$ in $\mathfrak{a}'$ über, so führt er für jedes Kernelement $\mathfrak{k}$ — da ja $\mathfrak{k}' = \mathfrak{k}$ ist — $\mathfrak{k}\, \mathfrak{a}$ in $\mathfrak{k}\, \mathfrak{a}'$ über, ist also eine ähnliche Abbildung.

Satz 2: E *ist ein Normalteiler von* J *und* J / E *ist isomorph der Gruppe aller Isomorphismen von* $\mathfrak{K}$ *auf sich.*

Dieser Satz ist ein Gegenstück zu Satz 3 des § 2.

Ist e ein Element aus E und a eines aus J, so geht bei a das Element $\mathfrak{k}$ aus $\mathfrak{K}$ wegen Satz 4 des § 1 in ein Element $\mathfrak{k}'$ aus $\mathfrak{K}$ über, während bei e auch $\mathfrak{k}'$ in sich, bei $a e a^{-1}$ also $\mathfrak{k}$ in sich übergeht, $a e a^{-1}$ also zu E gehört.

Weiter gehören zwei Isomorphismen aus J dann und nur dann zur gleichen Klasse nach E, wenn sie den gleichen Autoisomorphismus von $\mathfrak{K}$ bewirken; daß aber jeder durch Elemente aus J bewirkt wird, folgt sofort aus Satz 4 des § 1; nach diesem Satz kann ja jeder Isomorphismus von $\mathfrak{K}$ auf sich zu einem von $\mathfrak{M}$ auf sich erweitert werden.

Satz 3: *Ist* F *die Untergruppe von* E, *bei der jede Klasse von* $\mathfrak{M}$ *nach* $\mathfrak{K}$ *in sich übergeht, so ist*

1. F *Normalteiler von* E *und*

2. E / F *isomorph der Gruppe aller eineindeutigen Abbildungen von* $\|\mathfrak{M} / \mathfrak{K}\|$ *auf sich, bei denen* $\mathfrak{K}$ *sich selbst zugeordnet wird.*

Sei e ein beliebiges Element aus E, f eines aus F und gehe bei e die Klasse $\mathfrak{K}\,\mathfrak{a}$ in $\mathfrak{K}\,\mathfrak{a}'$ über; da bei f aber $\mathfrak{K}\,\mathfrak{a}'$ in sich übergeht, so geht bei $e\,f\,e^{-1}$ auch $\mathfrak{K}\,\mathfrak{a}$ in sich über.

2. folgt jetzt daraus, daß zwei Abbildungen aus E dann und nur dann zur gleichen Klasse nach F gehören, wenn sie die gleiche Abbildung von $\|\mathfrak{M} / \mathfrak{K}\|$ bewirken; daß jede Abbildung, die $\mathfrak{K}$ sich selbst zuordnet, vorkommt, folgt aus Satz 4 des § 1 oder Zusatz 3 des Satz 1 des § 2.

Zusatz: *Ist* $\bar{F}$ *die Untergruppe von* J, *bei der* $\|\mathfrak{M} / \mathfrak{K}\|$, $\bar{E}$ *die von* $\bar{F}$, *bei der* $\mathfrak{K}$ *invariant bleibt, so ist*

1. $\bar{F}$ *Normalteiler von* J, $\bar{E}$ *von* $\bar{F}$ *und*

2. $J / \bar{F} = E / F$ *und* $\bar{F} / \bar{E} = J / E$.[1])

Der Beweis ist ebenso zu führen wie der der Sätze 2 und 3, wenn man noch bedenkt, daß bei Isomorphismen stets $\mathfrak{K}$ in sich übergehen muß.

Satz 4: *1. Ist* F_e *die Untergruppe von* F, *bei deren Abbildungen fast alle*[2]) *Klassen von* $\mathfrak{M}$ *nach* $\mathfrak{K}$ *invariant bleiben, so ist dann und nur dann* $F_e = F$,

wenn entweder $\mathfrak{K}$ *nur aus der Identität oder* $\|\mathfrak{M} / \mathfrak{K}\|$ *nur aus endlich vielen Klassen besteht*[3]).

2. Ist $F_{e\nu}$ *die Untergruppe von* F_e, *die alle Klassen nach* $\mathfrak{K}$ *außer* $\mathfrak{K}\,\mathfrak{a}_\nu \neq \mathfrak{K}$ *invariant läßt, so ist* $F_{e\nu}$ *isomorph zu* $\mathfrak{K}$.

3. F_e *ist das direkte Produkt aller* $F_{e\nu}$.

ad 1: Besteht $\mathfrak{K}$ nur aus der Identität, so auch F und F_e. Ist $\|\mathfrak{M} / \mathfrak{K}\|$ endlich, so ist jedes Element von F auch Element von F_e.

Ist $\|\mathfrak{M} / \mathfrak{K}\|$ aber unendlich und besteht $\mathfrak{K}$ nicht nur aus der Identität, so gibt es wegen Satz 4 des § 1 Elemente in F, aber nicht in F_e, die unendlich viele Klassen von $\mathfrak{M}$ nach $\mathfrak{K}$ in sich bewegen.

---

[1]) Statt Gleichheit wäre genauer Isomorphie zu setzen; jedoch stellen beide Faktorgruppen die gleichen Abbildungsgruppen dar.

[2]) d. h. alle mit endlich vielen Ausnahmen.

[3]) Faßt man F in geeigneter Weise als topologischen Gruppenraum auf, so wird F die abgeschlossene Hülle von F_e.

ad 2: Ist $\mathfrak{k}\,\mathfrak{a}_\nu$ ein beliebiges Element aus $\mathfrak{K}\,\mathfrak{a}_\nu$ und $\mathfrak{k}'$ irgendein Element aus $\mathfrak{K}$, so lassen sich wegen Satz 4 des § 1 alle Isomorphismen aus F_{e_ν} in der Form: $\mathfrak{k}\,\mathfrak{a}_\nu \to \mathfrak{k}\,\mathfrak{k}'\,\mathfrak{a}_\nu$ darstellen, woraus 2 nach dem CAYLEYschen Satze[1]) folgt.

ad 3: Sei a Element aus F_e und seien $\mathfrak{K}\,\mathfrak{a}_1, \cdots, \mathfrak{K}\,\mathfrak{a}_n$ die sämtlichen Klassen, die bei a nicht invariant bleiben; sei a_i das Element aus F_{e_i} das gerade die Abbildung von $\mathfrak{K}\,\mathfrak{a}_i$ bewirkt, die a vorschreibt. Es ist: $a = \prod_{i=1}^{n} a_i$.

Offenbar ist $a_i a_k = a_k a_i$, wenn die a_i, a_k verschiedenen $F_{e_i} \neq F_{e_k}$ angehören; weiter haben zwei verschiedene F_{e_ν} nur die Identität gemein.

Satz 5: *Ist F_ν die Untergruppe von F, bei der $\mathfrak{K}\,\mathfrak{a}_\nu \neq \mathfrak{K}$ invariant bleibt, so ist*

1. F_ν Normalteiler von F und

2. F / F_ν stellt $\mathfrak{K}$ dar.

1. folgt daraus, daß $\mathfrak{K}\,\mathfrak{a}_\nu$ auch bei F in sich übergeht.

ad 2: Zwei Abbildungen aus F gehören dann und nur dann zur gleichen Klasse nach F_ν, wenn sie die gleiche ähnliche Abbildung von $\mathfrak{K}\,\mathfrak{a}_\nu$ auf sich bewirken; aus Satz 4 des § 1, dem CAYLEYschen Satz[1]) folgt jetzt unsere Behauptung.

Satz 6: *Sei M^* eine zu $\mathfrak{M}$ konforme Untergruppe von M und $J(M^*)$ die Gruppe aller der Isomorphismen von M^*, bei denen $M^* \frown E$ in sich übergeht.*

1. $J(M^*)$ ist homomorph einer Untergruppe von J, der Gruppe aller Isomorphismen von $\mathfrak{M}$; hierbei ist der Identität von J die Gruppe aller der Isomorphismen aus $J(M)^*$ — die also einen Normalteiler bildet[2]) — zugeordnet, bei der jede Klasse von M^* nach $M^* \frown E$ in sich übergeht.

2. Ist speziell $M^* = M$, so ist $J(M)$ homomorph zu J.

ad 1: Bei Isomorphismen aus $J(M^*)$ — und nur bei solchen — gehen Klassen von M^* nach $M^* \frown E$ wieder in solche Klassen über; diese bewirken also isomorphe Abbildungen von $\| M^* / M^* \frown E \|$ und damit von $\mathfrak{M}$ auf sich. Die übrigen Aussagen von 1 folgen jetzt von selbst.

ad 2: $J(M)$ ist die Gruppe aller Isomorphismen von M, bei denen E in sich übergeht. Wir haben zu zeigen, daß jeder Isomorphismus von $\mathfrak{M}$ bzw. $\| M / E \|$ durch einen aus $J(M)$ induziert wird.

Sei also a ein beliebiger Isomorphismus von $\mathfrak{M}$, x ein beliebiges Element aus M; a und x sind Elemente aus der Gruppe aller eineindeutigen Abbildungen von $\mathfrak{M}$ auf sich, einer gemeinsamen Obergruppe von J und M; wir können also: $a^{-1}\,x\,a$ und $a^{-1}\,M\,a$ bilden. Es ist:

$$a^{-1}\,M\,a = M.$$

Seien nämlich $\mathfrak{a}$ und $\mathfrak{k}\,\mathfrak{a}$ Elemente aus $\mathfrak{M}$, also $\mathfrak{k}$ aus $\mathfrak{K}$; bei a^{-1} gehe $\mathfrak{a}$ in $\mathfrak{a}'$ und $\mathfrak{k}$ in $\mathfrak{k}'$ über; notwendig ist dann auch $\mathfrak{k}'$ aus $\mathfrak{K}$ (Satz 4 des § 1). Es geht also $\mathfrak{k}\,\mathfrak{a}$ in $\mathfrak{k}'\,\mathfrak{a}'$ bei a^{-1} über.

[1]) cf. p. 10 Anm. [1]).

[2]) cf. A. LOEWY: WEBER-Festschrift 1912 p. 205.

Bei x gehe $\mathfrak{a}'$ in $\mathfrak{a}''$ über; da x eine ähnliche Abbildung ist, geht $\mathfrak{k}'\ \mathfrak{a}'$ in $\mathfrak{k}'\ \mathfrak{a}''$ über. Schließlich geht bei a notwendig $\mathfrak{k}'$ wieder in $\mathfrak{k}$ und $\mathfrak{a}''$ etwa in $\mathfrak{a}'''$ über.

Dann bewirkt also $a^{-1}\ x\ a$, daß $\mathfrak{k}\ \mathfrak{a}$ in $\mathfrak{k}\ \mathfrak{a}'''$ übergeht; mit x ist also auch $a^{-1}\ x\ a$ eine ähnliche Abbildung.

Durch die Beziehung:

$$x \rightarrow a^{-1}\ x\ a$$

wird eine Abbildung von M auf sich bewirkt. Diese ist eineindeutig; denn aus $a^{-1}\ x_1\ a = a^{-1}\ x_2\ a$ folgt $x_1 = x_2$. Sie ist weiter isomorph; denn $(a^{-1}\ x_1\ a)\ (a^{-1}\ x_2\ a) = a^{-1}\ x_1\ x_2\ a$. Schließlich führt sie E in sich über; da nämlich a als Isomorphismus die Identität in Ruhe läßt, so tut dies mit e aus E auch $a^{-1}\ e\ a$, gehört also ebenfalls zu E und es ist

$$a^{-1}\ E\ a = E.$$

Wir haben noch zu zeigen, daß dieser Isomorphismus aus J (M) in $\mathfrak{M}$ gerade a induziert.

Einer Klasse E x von M nach E entspricht genau das Element $\mathfrak{x}$ aus $\mathfrak{M}$, in das die Identität aus $\mathfrak{M}$ durch Abbildungen aus E x übergeht. Führt jetzt a das Element $\mathfrak{x}$ aus $\mathfrak{M}$ in $\mathfrak{x}'$ über, so repräsentiert die Klasse

$$a^{-1}\ E\ x\ a = (a^{-1}\ E\ a)\ a^{-1}\ x\ a = E\ a^{-1}\ x\ a$$

genau das Element $\mathfrak{x}'$; denn $E\ a^{-1}$ führt die Identität in sich, x sie in $\mathfrak{x}$ und a das Element $\mathfrak{x}$ in $\mathfrak{x}'$ über. Damit ist 2 vollständig bewiesen; es gilt sogar der

Zusatz: J (M)* *ist dann und nur dann homomorph zu* J, *wenn* M* *mit allen Elementen von* J *vertauschbar ist.*

Das Hinreichen der Bedingung folgt aus dem Beweise von Satz 6_2; die Notwendigkeit sieht man folgendermaßen ein:

da nach dem CAYLEYschen Satze[1]) die Gruppe M* isomorph der Gruppe ihrer ähnlichen Abbildungen ist, so können wir die Vereinigungsgruppe V von M* und J (M*) bilden, da ja in dieser Auffassung beide Gruppen Abbildungsgruppen von M* sind; offenbar ist V eine Untergruppe des Holomorphs von M*.[2]) Jedes Element von V induziert eine gewisse eineindeutige Abbildung von $\mathfrak{M}$ auf sich; M* ist ja eine Gruppe ähnlicher Abbildungen; von J (M*) sagt Satz 6_1 aus, daß es Isomorphismen von $\mathfrak{M}$ bewirkt.

Sei jetzt i ein Element aus J (M*), a eines aus M*; dann ist auch $i\ a\ i^{-1}$ Element von M*, da V Untergruppe des Holomorphs von M* ist; ersetzen wir i durch den Isomorphismus $\bar{\imath}$ von $\mathfrak{M}$, den i induziert, so folgt, daß $\bar{\imath}\ a\ \bar{\imath}^{-1}$ Element von M* ist, da es dieselbe ähnliche Abbildung von $\mathfrak{M}$ bewirkt wie $i\ a\ i^{-1}$. Daraus folgt aber sofort unser Zusatz.

---

[1]) cf. p. 10, Anm. [1]).

[2]) cf. A. SPEISER: Gruppentheorie 1923 p. 77 und die Konstruktion des Holomorph p. 76 sowie Satz 77.

Kolibri 360 GmbH
Ferdinand-Jühlke-Straße 7
99095 Erfurt, Deutschland
produktsicherheit@kolibri360.de